U0305544

零失败
面包机教科书

买了面包机，不用怕后悔

小鱼妈　著

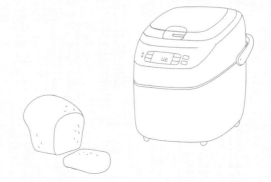

北京联合出版公司
Beijing United Publishing Co.,Ltd.

推荐序1

跟着小鱼妈的食谱走，安心做出好吃面包！

对我们这些刚接触面包机的新手而言，初入"鱼您分享·幸福烘焙机"FB社团时，小鱼妈分享的各种面包机食谱，以及热心地替新手解惑，实在让我深感佩服。心里就在想，跟着小鱼妈的食谱走，一定能安心做出好吃面包，也很高兴等到这本书热腾腾地"出炉"，真心地推荐，让我们一起跟着小鱼妈做出最幸福、最健康的面包吧！

睡天使醒恶魔成长日志 版主ANN

推荐序2

爱你家的宝贝，就从亲备餐点开始！

回想当初购入面包机的心情，其实是和小鱼妈一样的，为人母总想给宝贝最天然、健康的食物，但黑心食品接二连三被爆出，食物安全新闻层出不穷地发生……想想唯有亲自动手做，才能确保吃下肚的食物是安全的。面包机变化无穷，除了吐司还可以做肉松、蛋糕、乌冬面等，享受手创乐趣之余，当整间屋子盈满着阵阵面包香，那才是最迷人幸福的呢！

小鱼妈以新手的角度将做法写得非常详尽，再佐以超过550张步骤图解，相信此书对初学者一定有极大的助益，只要照着图片 step by step，您也能做出属于自家风味的好吃面包，爱孩子就从亲备餐点开始吧！

甜姐儿玩厨艺 版主 Winnie

我想做出孩子可以吃的**天然面包！**

我会接触到烘焙，是因为我有个对食物过敏的孩子小鱼。

小鱼在5～6个月开始接触辅食后，常因为吃了外面的食物而起疹子，尤其吃到面包店的面包或馒头时，症状就会特别严重，看着他身上一块块的红疹，真的觉得好舍不得，但也不晓得要怎么改善。直到有一次，朋友拿了一片自己做的吐司给我，我试着给小鱼吃看看，很神奇地，小鱼竟然没有出现任何不适症状，后来又试了几次，确认没问题后，我决定开始自己动手做面包！

不会做菜的我，
决定从最简单的面包机下手！

决定要开始动手后，我遇到了最大的困难，那就是——我什么都不会啊！不仅不懂料理，烘焙更是门外汉，我询问朋友，她家里刚好添购了一台面包机，听说做法超简单，就像使用洗衣机一样，把所有材料丢进面包机，然后用手按一下按键就好了。天啊！听起来真的好简单，我迫不及待地买了一台面包机回来，从此，开启了我的面包机烘焙之路……

鱼社的朋友们，
是我最棒的老师！

把面包机买回家后，我努力上网找食谱或者看网友的分享文，抱着科学实验的心情，不断地尝试各种食谱，甚至创个社团"鱼您分享·幸福烘焙机"，放上自己曾试过或准备要做的食谱，让一些跟我一样的"面包机新手"有个平台能互相讨论研究。

当初网络上缺少这方面的信息及讨论版，所以我的社团一出来就引起广大的反响，好多人加入鱼社，分享自己做面包的心得和经验，甚至连还没买面包机或正在观望的人也都加入社团参考别人的意见，当然，陆续有越来越多人加入了面包机的行列，我也因此对烘焙产生了更大的兴趣，而鱼社的朋友和其他部落客也成了我最好的老师，只要碰到问题，大家会不藏私地互相研究分享，即便是凌晨2～3点（这时候小孩都睡着了，妈妈的烘焙之魂就会开始燃烧），那种感觉真的好棒，好像请了"一群"烘焙家教老师一样！

希望提供最完整的信息给阿婆和妈妈、
不会烘焙及没时间烘焙的人

我是个烘焙新手，网络上的食谱文通常都写得非常"简易"，很容易因为每个人的认知不同，导致成果不理想或失败，为了方便不同程度的人使用，我便把食谱用"我自己"看得懂的方式呈现，不用读文字，只要看照片，step by step就能做出好吃面包。

没想到，竟获得许多网友的赞赏及感谢，我非常意外，也很开心能帮助到大家，真的很感激所有不嫌弃小鱼妈的朋友们，期待本书能帮助到更多不会烘焙或初尝试的新手朋友，一起简单地动动手指，就能轻松做"ㄆㄤˋ（台湾方言，面包）"哦！

Part 1

准备制作好吃面包！
必备的材料和器具

Part 2

经典不败！
吃不腻的基本款面包

C⊙NTENTS

Part 3
用当季农产品，
做出最新鲜的吐司

Part 4
大人小孩都喜欢的
咸口味面包

Part 5

私房秘技传授！
让隔夜吐司拥有新生命

Part 6

买了面包机，不用怕后悔！
意想不到的变化使用技巧

特别收录

面包机也可以这样用！

附录

用面包机做面包，我有问题！

趣味专栏

Part 1

准备制作好吃面包！

必备的材料和器具

开始用面包机做面包前，有几个基本材料和器具一定要准备，
看似平凡的素材，却掌控了成品最终的色香味！

主要食材类

面包机会用到的材料很简单，我甚至会开玩笑说，把下面介绍的六大材料通通丢入面包机，就能做出美味面包呢！

面包机做出来的面包能吃吗？

创立鱼社且开始分享面包文后，我在网络上和生活中最常遇到两种状况，一种是还没买面包机、正在观望的人会问："面包机做出来的面包能吃吗？"另一种是已经买了面包机的人，会问："有了面包机，要准备哪些器具和材料？"

关于面包机做出来的面包能不能吃这个问题，不用我多讲，购物网产品页面上所显示的"售完补货中"这5个字大概就能为大家解惑了；当然，不是每台面包机做出来的面包都符合大众口味，其也有品牌国别之分，我接触过的面包机大概可分为两种系列：一种是欧美的品牌，一种是亚洲的品牌；欧美系列款，我个人吃了比较不习惯，因为做出来的成品口感偏干、较硬，而亚洲品牌的口感较为松、软，建议大家根据自己喜爱的口感来选择面包机。

小鱼妈经验分享！
选择质量好的面粉很重要

根据以往的经验，我觉得面粉质量的好坏是关键。面粉质量不好，做面包的时候虽不至于失败，但口感会有落差；质量好、价格稍高的面粉做出来的面包，口感和细致度会有差异；而我个人喜好的面粉品牌有侨泰兴嘉禾牌面粉，另外坊间也常听到的面粉品牌有洽发彩虹、茶花、阿瓦隆等。

材料哪里买？

一般烘焙用品店皆有贩售，建议大家可以查询一下离自家较近的烘焙用品店选购，顺便还可以跟老板交流或者询问使用方式；若家附近没有烘焙用品店或不方便外出者（像小鱼妈我必须照顾小朋友），可以先设定好要买哪些品项，上网搜寻一下"烘焙材料"，就能找到许多烘焙材料网站，且能一次购足所需的材料。

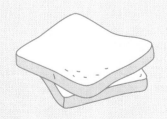

油脂类

黄油等油脂类可以增加面团的风味、润滑面团及延迟面团老化，但过多或过少都不恰当哦！油脂含量过高，酵母会被大量油脂包覆，发酵过程会减缓；油脂含量过少，面包容易老化，面包的质量与口感也会下降。

糖

糖除了能给面包带来甜度外，不同种类的糖也能做成不同风味的面包；糖还是酵母发酵时的主要能量来源，过少的糖使得面包成品颜色偏白和浅，过多则会使面包上色过早或焦黑。

盐

在做面包时，盐的使用量不多，但却是不容忽视的一个重要角色。它能抑制酵母的发酵作用，避免酵母过度或快速地发酵，也能防止面团发黏并增加面团筋性。

面粉类

面粉分成高、中及低筋面粉，还有全麦面粉、法国面粉等，其中高筋面粉是面包机制作面包时最常使用到的材料，其含有11.5%～14%的蛋白质，筋度大、黏性强，很适合用来做面包、松饼、面条、派皮等有口感的点心与面食。

酵母粉

主要作用是能产生二氧化碳，增加面团的体积及增加筋性，酵母的种类大致上分为四种：活性干酵母、新鲜酵母、即溶酵母、速发酵母。除了活性干酵母使用时必须要泡水之外，其余三种都可以直接使用。

水

水是帮助材料融合不可或缺的角色，面团中的水分也能提高面团柔软度，高含水量可以防止面包提早老化，也可以用鲜奶、果汁等液体替代，但不能使用气泡水或碱性水，以免做出来的面包口感不佳。

适时运用水温的变化

天气热时，可以使用冰水，天气冷时可使用微温或一般的冷水，为什么要这么做呢？天气太热时，怕面团发得太快，偏冷的水可以抑制酵母，比较好掌控面包的质量。

变化食材类

想为面包增加一些变化吗？怕麻烦的你，
一定不能错过好吃又营养的果干、坚果或是农产品等食材！

果干

果干类的食材可以增加面包的风味、口感及营养价值，像是坊间常用的葡萄干、蔓越莓干、蓝莓干、樱桃干、无花果等，都是很不错的选择，也很容易买到。

鸡蛋

鸡蛋可以提升面包的色泽，尤其是在面团上涂上蛋液，烤出来的成品表面会具光泽，看起来更美味！

玉米粒

玉米粒看似普通，但用来做面包可以增加口感与风味，我们家的小朋友特别喜爱玉米做成的吐司，很香、很好吃！

坚果

听许多专家说，适量坚果对身体很好，坚果也可以增加面包的口感及养分，像杏仁片、胡桃、核桃、葵花子、南瓜子、芝麻粒等，书中的食谱也会用到，但必须注意体积太大的坚果容易造成面包机容器内的涂层刮伤或掉漆，建议投入前先敲成小块，另外坚果容易有油耗味，所以请冷冻保存。

农产食材

我是标准的农家子弟，小鱼外公和小鱼外婆现在都还在南部种水果呢，所以我对于台湾农产品一直有一股情感，这次在面包里，也加入了不少台湾当地食材，希望能给大家另一种新的感受。

基本器具类

其实使用面包机会用到的器材，大部分买面包机时都已经附赠了，
除了电子秤跟切面包板，多数器材都不需要额外购买。

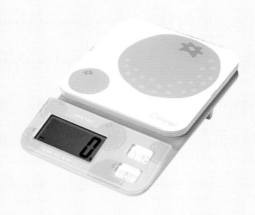

电子秤

电子秤主要是称量材料用，较传统磅秤更加准确，我建议最
好购买可以量到0.1g单位的。

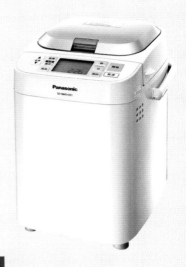

面包机

这是我们本书的主角，现在的面包机非常强，不需任何技术和
专业知识，只要动动手指头就能轻易做出美味好吃的面包！

烤箱

烤箱是让面包能有更多变化的器具，除了可以拿来烘烤，也
能做一些小饼干或者做其他造型的面包等。

手持式搅拌器

搅拌器主要是方便打发蛋类或奶油用的，现在的搅拌器功能
很多，在选购时不妨选择多功能的产品。

隔热手套

刚出炉的面包及容器非常非常得烫，这时就非得用到隔热手套了，别忘了选择耐高温的手套才能避免烫伤。

平底锅

平底锅是在本书会使用到的器材之一，特别是变化隔夜或变硬吐司时，常会用到。

切面包板

切吐司架和面包板必须视个人需求购买，没有这些工具并不会造成太大不便或影响。

器具哪里买？

一般烘焙用品店都买得到，且现在网络购物非常成熟了，许多实体店家都会开设网络商店，方便外县市或者无法亲临现场选购的消费者购买，你可以上网搜寻一下，相关资料非常多！

切记！材料要用电子秤或量杯、量匙称量

固体类尽可能使用电子秤、量杯、量匙来称量，液体类使用容器称量会比较准确。

烘焙计量换算表

重量换算

- 1kg = 1000g
- 1台斤 = 600g = 16两
- 1两 = 37.5 g
- 1磅 = 454g = 16盎司
- 1盎司 = 28.5g

容积换算

- 1公升 = 1000ml
- 1杯 = 240ml = 16大匙 = 8盎司
- 1大匙（Tablespoon）= 15ml = 1/2盎司
  = 3茶匙
- 1茶匙（Teaspoon）= 5ml
- 2杯 = 480ml = 16盎司 = 1品脱（pint）

烤盒圆模容积换算

- 1英寸 = 2.54cm
- 如果以8英寸蛋糕为标准换算材料比例大约如下：
  6英寸：8英寸：9英寸：10英寸 = 0.6：1：1.3：1.6
- 6英寸圆形烤模分量乘以1.8 = 8英寸圆形烤模分量
- 8英寸圆形烤模分量乘以0.6 = 6英寸圆形烤模分量
- 8英寸圆形烤模分量乘以1.3 = 9英寸圆形烤模分量

圆形烤模体积计算

- 3.14 × 半径的平方 × 高度 = 体积

各式各样材料重量换算

- 面粉1杯 = 125g
- 1杯水 = 240g
- 细砂糖1杯 = 200g
- 糖粉1杯 = 120g
- 蜂蜜1杯 = 340g
- 糯米粉1杯 = 约120g
- 绿茶粉1大匙 = 6g
- 玉米粉1大匙 = 12g
- 奶粉1大匙 = 7g
- 可可粉1大匙 = 7g
- 蜂蜜1大匙 = 22g
- 枫糖浆1大匙 = 20g
- 细砂糖1大匙 = 15g
- 低筋面粉1大匙 = 10g
- 在来米粉1杯 = 130g
- 太白粉1大匙 = 10g
- 肉桂粉1大匙 = 6g
- 黄油1大匙 = 13g
- 兰姆酒1大匙 = 14g
- 白兰地酒1大匙 = 14g
- 盐1茶匙 = 5g
- 酵母1茶匙 = 2～3g
- 泡打粉1茶匙 = 5g
- 小苏打1茶匙 = 2.5g
- 塔塔粉1茶匙 = 3g

塑形器具类

想为面包做点不一样的变化吗？
塑形器具此时就能成为你的好帮手，一起来瞧瞧有哪些器具可以挑选吧！

刷子

刷子主要是用于蘸取蛋汁或刷油用，用此道具比较不会弄脏手，也较容易涂抹均匀。

硅胶餐垫

看起来很平凡的硅胶餐垫，做面包时却成了我的好帮手，把它铺在工作台上，面团才不会弄得到处都是，但提醒大家，尽量选购标榜无毒的餐垫，会比较安心！

擀面棍

擀面棍主要是用于加工面团，通过滚动方式能轻松将面团擀成适当厚薄，有时我在擀面团时也会给小鱼一份，让他也一起动手做。

面包刀

面包刀有分一般的和电动的，普通的面包刀需要等面包放凉才能切，以免面包在切的时候扁掉，电动的面包刀则没有这样的困扰，缺点是电动面包刀声音很像电锯，小鱼妈个人觉得蛮恐怖的。

饼干模具、包装袋

这些小器具可以让饼干看起来有更多变化，也是亲子料理最棒的工具，我常利用各式各样的模具来刺激小鱼的食欲呢；包装袋则可以让产品不易流失水分及预防食物干掉。

Part 2

经典不败！

吃不腻的基本款面包

简单、美味是基本款面包的特色，做法不难，只要看图照着做，
香喷喷、热乎乎的面包就出炉了，
现在一起来瞧瞧，有哪些好吃、易做的面包要提供给大家！

绵密细致 白吐司

越简单的产品，其实越贴近人群，
平凡的白吐司，是生活中最常见的种类，
制作上也真的不难，只要掌握基本的"量"，
再自行变化运用，任何人都可以成为面包魔术师！

材料（3～4人份）

高筋面粉	250g
黄油	15g
二砂糖	17g
奶粉	6g
盐	5g
水	180ml
酵母粉	3g

Cooking memo

有些品牌的面包机，酵母不是自动投入的，但只用掌握好一个原则：湿的液体材料放下面，干的放上面，酵母最后放，而湿的材料有水、鲜奶、汤种、蛋、油脂类等，干的粉类材料再放在湿的材料上面。

建议材料投入的顺序如下：
水分（液体）→植物油或黄油→面粉→糖→盐→酵母。

1 面包机容器装上"面包用"搅拌叶片。

2 首先将水 180ml 倒入面包机中。

3 接着放入黄油15g。

4 接着是高筋面粉 250g。

5 然后是奶粉 6g。

6 二砂糖 17g 放在角落。

7 盐放在面粉的另一角落。

8 最后放入酵母粉 3g。

Choose

9 设定好自己喜欢的口感选项，按开始即可。

Point
若你的面包机是酵母粉自动投入的，就放在酵母投入盒；无自动投入的机型请直接在面粉中间挖个洞，将酵母埋进去即可。

小鱼妈的应用变化法

如果你想让口感更丰富多变，可加入自己喜欢的坚果、果干增添风味；坚果、果干必须先敲碎或用剪刀剪成小块状，避免搅拌时刮伤容器内锅的涂层。

口感特别 白米饭面包

亚洲人经常食用的白米饭，也能拿来做面包，
而且制作过程非常非常简单哦！
只要有一些煮熟放凉的米饭，就可以轻松完成，口感特别又好吃呢。

🥄 材料（3～4人份）

煮熟放凉的白米饭..........100g
核桃..............................30g
高筋面粉.........................200g
黄油..............................20g
细砂糖............................15g
盐.................................4g
水...............................140ml
酵母粉............................3g

1 容器装上"面包用"搅拌叶片。

2 放入水140ml。

3 接着放入黄油20g。

4 接着倒入高筋面粉200g。

5 依次放入细砂糖15g、盐4g,放在面粉的左右对角。

6 最后放入酵母粉3g。

7 设定自己喜欢的口感或"米饭面包"模式。

8 果干请选择"手动投入",再按开始即可。

9 待果干投入声响起后,再将放凉的白米饭100g、核桃30g投入,盖上盖子按开始即可。

💜 小鱼妈的应用变化法

如果不想吃白米饭，想再健康一点的话，不妨改用糙米饭或紫米饭，做出来的米面包不仅香气足，颜色也很漂亮呢！

香气独特 苹果米面包

添加了苹果与米饭的苹果米面包，味道独特、口感绵密，
是我们家小鱼非常喜爱的一道料理，
不妨试着做做看，一次收买大人、小孩的心！

材料（3~4人份）

高筋面粉	200g
黄油	20g
奶粉	15g
二砂糖	15g
盐	4g
水	140ml
酵母粉	4g
苹果	1个
白米	30g

1 先将苹果去皮与洗净的白米放入电锅内煮熟。

2 接续①用搅拌器打成苹果米糊或用汤匙稍微压成泥，放凉后备用。

3 容器装上"面包用"搅拌叶片。

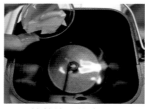

5 接着放入黄油 20g。

6 倒入奶粉 15g。

7 将苹果米糊 50g 放入。

Choose

9 依次放入二砂糖 15g、盐 4g，放在面粉的左右对角。

10 最后放入酵母粉 4g。

11 设定好自己喜欢的口感选项或"米饭面包"模式，再按开始即可。

💗 小鱼妈的应用变化法

吃腻了苹果吗？不妨以当季盛产的水果来替代，像是水梨、凤梨、南瓜、地瓜、山药都很不错哦！

完成！

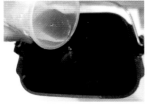

4　放入水 140ml。

8　倒入高筋面粉 200g。

补血养生 红豆吐司

红豆属于高蛋白质但低脂肪的食材，
且富含多种养分，是忙碌上班族的最佳伙伴！

材料（3~4人份）

煮熟放凉的红豆 50g
高筋面粉 250g
黄油 20g
细砂糖 15g
盐 4g
水 170ml
酵母粉 3g

Cooking memo

红豆属于较不易软烂的食材，所需的
烹煮时间较长，建议先泡水6小时后
再放入电锅内蒸煮。

1 容器装上"面包用"搅拌叶片。

2 加入水 170ml。

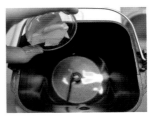

3 加入黄油 20g。

4 加入高筋面粉 250g。

5 细砂糖 15g、盐 4g 放在面粉的左右对角。

6 加入酵母粉 3g。

Choose

7 设定自己喜欢的口感选项或"米饭面包"模式。

8 果干请选择"手动投入"，再按开始即可。

OK

9 待投入声响后，再将放凉的红豆 50g 倒入，盖上盖子按开始即可。

杂粮芝麻面包

担心面包吃太多，容易发胖吗？
富含多重养分的杂粮粉，搭配上黑芝麻，
做出来的面包香气浓郁，别有一番风味哦！

材料（3～4人份）

杂粮粉或五谷粉	1包
高筋面粉	250g
二砂糖	20g
盐	6g
水	180ml
黑芝麻粒	20g
酵母粉	3g

1 容器装上"面包用"的搅拌叶片。

2 加入水 180ml。

3 加入高筋面粉 250g。

4 放入杂粮粉（或五谷粉）。

5 加入黑芝麻 20g。

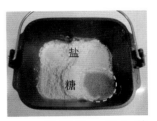

6 二砂糖 20g、盐 6g 放在面粉的左右对角。

Cooking memo

如果是使用五谷米或十谷米，则是煮熟后放凉，在选项果干请选择"手动投入"，再按开始即可。

7 加入酵母粉 3g。

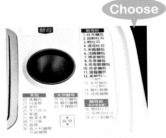

Choose

8 设定好自己喜欢的口感模式，按开始即可。

QQ弹牙 巧克力米面包

蓬莱米在台湾是一种广为食用的稻米，
黏度适中、营养价值高，且口感弹牙、松软可口，
是小朋友的最爱，我家小鱼就很喜欢，在此提供给大家参考。

材料（3~4人份）

蓬莱米米粉 70g
高筋面粉 180g
巧克力粉 6g
黄油 20g
二砂糖 15g
盐 4g
水 170ml
酵母粉 3g

1 容器装上"面包用"搅拌叶片。

2 加入水170ml。

3 加入黄油20g。

4 倒入蓬莱米粉70g。

5 接着加入高筋面粉180g。

巧克力粉

6 加入巧克力粉6g。

盐

糖

7 二砂糖15g、盐4g放在面粉的左右对角。

8 加入酵母粉3g。

Choose

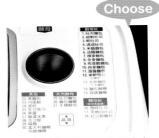

9 设定好自己喜欢的口感选项或"米粉面包（含面粉）"模式，再按开始即可。

小鱼妈的应用变化法

也可以用在来米粉替代蓬莱米粉，口感上不会有太大差异，以容易取得的材料为优先选项。

低卡高纤 豆浆面包

豆浆的营养成分多，且容易消化吸收，
只要选对添加的素材，也能做出低卡高纤的好吃面包！

材料（3～4人份）

糯米粉 20g
高筋面粉 240g
黄油 15g
细砂糖 20g
盐 4g
无糖豆浆 170ml
酵母粉 4g

1 容器装上"面包用"的搅拌叶片。

2 加入无糖豆浆 170ml。

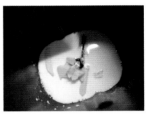

3 接着放入黄油 15g。

4 加入糯米粉 20g。

5 加入高筋面粉 240g。

6 细砂糖 20g、盐 4g 放在面粉的左右对角。

7 加入酵母粉 4g。

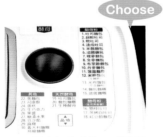

8 设定好喜欢的口感选项或"米粉面包(含面粉)"模式，再按开始即可。

富含纤维 燕麦椰奶面包

燕麦的营养价值高，其所含的蛋白质比白米高出许多，
且含有水溶性纤维，能促进排便与增加饱腹感，
想吃得更健康？非燕麦椰奶面包莫属。

材料（3～4人份）

即食燕麦片	30g
热水	60ml
高筋面粉	250g
细砂糖	20g
盐	4g
椰奶	40ml
鲜奶	50ml
酵母粉	3g

1 将燕麦片 30g 用热水 60ml 泡软，备用。

2 容器装上"面包用"的搅拌叶片。

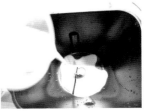
3 加入鲜奶 50ml。

4 接着倒入椰奶 40ml。

5 倒入①的燕麦糊。

6 加入高筋面粉 250g。

Choose

7 细砂糖 20g、盐 4g 放在面粉的左右对角。

8 加入酵母粉 3g。

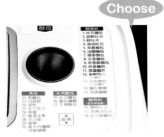
9 设定好喜欢的口感选项，再按开始即可。

小鱼妈的应用变化法

如果想要试试不同口味，不妨购买市面上有特殊口味的即食燕麦片，例如草莓、绿茶口味的，也是个不错的选择！

香气十足 咖啡鲜奶吐司

很多人都习惯早上来杯咖啡，启动一天活力的开始，
把咖啡鲜奶吐司拿来当早餐，肯定能让全身细胞通通醒过来！

材料（3～4人份）

高筋面粉 250g
速溶咖啡 1包
鲜奶油 15ml
细砂糖 30g
盐 4g
热水 70ml
鲜奶 100ml
酵母粉 3g

Cooking memo

速溶咖啡是比较快速方便的选择，或
者你可以现磨一杯研磨咖啡，咖啡香
肯定更浓郁；想换口味的话，可以试
试看可可口味或奶茶口味的，应该也
很不错！

1 咖啡包先用 70ml 热水泡开后放凉，备用。

2 容器装上"面包用"的搅拌叶片。

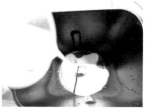

3 加入鲜奶 100ml。

4 加入鲜奶油 15ml。

5 倒入放凉的咖啡 70ml。

6 加入高筋面粉 250g。

7 细砂糖 30g 跟盐 4g 放在面粉的左右对角。

8 加入酵母粉 3g。

9 设定好喜欢的口感选项，按开始即可。

松脆口感 脆皮吐司

每个人喜欢的面包口感都不同,
如果你偏好法国吐司类外酥内软的口感,
一定要试试看这道脆皮吐司,健康又美味呢!

材料（3～4人份）

法国面粉	250g
黄油	10g
二砂糖	5g
盐	5g
水	180ml
酵母粉	3g

1 容器装上"面包用"的搅拌叶片。

2 加入水 180ml。

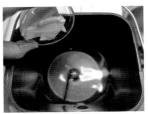

3 加入黄油 10g。

4 倒入法国面粉 250g。

5 二砂糖 5g 和盐 5g 放在面粉的左右斜对角。

6 加入酵母粉 3g。

7 设定好喜欢的口感选项或"法国吐司"选项,再按开始即可。

浓醇香 黄油炼奶吐司

香浓的黄油、搭配上甜甜的炼奶，
吃起来口感绵密、满嘴浓醇香，是小朋友无法抗拒的口味！

材料（3~4人份）

高筋面粉	200g
黄油	20g
炼奶	25g
细砂糖	10g
盐	4g
鲜奶	130ml
酵母粉	3g
糖粉	少许

炼奶黄油抹酱

炼奶	25g
黄油	25g

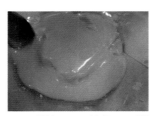

1 黄油 25g、炼奶 25g 搅拌均匀备用。

2 容器装上"面包用"搅拌叶片。

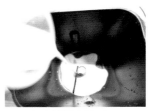

3 加入鲜奶 130ml。

5 倒入高筋面粉 200g。

6 将细砂糖 10g 跟盐 4g 放在面粉的左右对角。

7 加入酵母粉 3g。

9 完成后，将面团擀平。

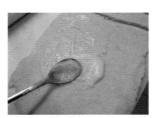

10 将面团涂上 ① 的炼奶黄油抹酱。

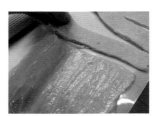

11 然后一片一片堆叠上去。

Choose

13 将叶片取出。

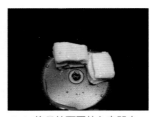

14 将 ⑫ 的面团放入容器中。

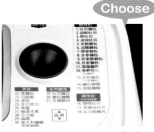

15 设定好喜欢的口感选项，再按 开始；取出后撒点糖粉装饰即可。

完成 🍴

4 接着放入黄油20g、炼奶25g。

Choose

其他	天然酵母
浓麵包	19. 吐司麵包
司康餅	20. 麵包麵糰
蛋糕	21. 生種酵母
主巧克力	
果醬	**酵母粉**
煮清水果	**(使用蒸蛋糕)**
豆沙餡	16. 雙峰白吐司
麻糬	17. 蒸烤白吐司
義大利麵糰	18. 紅豆餡麵包
烏龍麵糰	

11. 波蘿麵包
12. 米粉麵包
13. 米粉麵包
    (不加麵粉)
14. 麵包麵糰
15. 披薩麵糰

▲
品項
▼

8 选择"面包面团"选项，按开始。

12 接着切成小块状。

做过上百条吐司，
竟然也会爆缸？

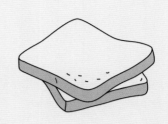

　　小鱼妈在拍摄这本食谱的时候刚好是在六月份，气温几乎都在可怕的 30℃ 以上，为了方便隔天能顺利拍摄与作业，我前一晚使用了预约功能，大概是晚上 11 点预约隔天 8 点完成（因为我差不多 8 点要起床）。

　　结果隔天一早，小鱼爸很紧张跑来床边跟我说："你的吐司好像失败了耶！" 我心想，拜托！我用面包机做的吐司不下上百条，除了刚买时有一次忘了放搅拌棒、一次忘了加酵母粉之外，从没失败过，现在怎么可能失败！

　　但此时也睡意全消，还是赶紧跳下床，快步跑去厨房一探究竟。天啊！结果真的惨不忍睹，打开面包机，面团全部塞得满满的，当下我头都昏了，脑袋一片空白，这下有的收拾了……

　　事后仔细回想、反省，到底是哪个步骤出了问题，会出现这种惨烈的情况。后来发现，可能是室温高、预约时间又长达 9 小时，导致面团无限膨胀，且我自己个性随性，酵母粉经常是"随意"添加，完全凭感觉，可能导致过量，使得面团努力膨胀长大造成爆缸。

　　有了小鱼妈的惨痛经历，大家要特别注意如果室温太高，且你预约时间超过 6 小时，请记得减少酵母及面粉的量，才不会发生跟小鱼妈一样的惨剧。

> 如果你不幸发生跟我一样的状况，请记得把面包机送回原厂处理，避免自行拆装造成机器损坏！

前一晚放入的面团大小

隔天爆缸照

爆缸惨烈画面

Part 3

用当季农产品，
做出最新鲜的吐司

台湾的农产品世界知名，便宜又好吃，当季盛产的更不用说！
身为农家子弟的我，一直非常希望能将这些蔬果融入面包中，
让这些西方主食变得更台湾味一些。

SPRING 春天食材 苹果肉桂卷

以现今的种植环境来说，苹果早已成了四季都吃得到的水果，
快餐店所贩售的苹果派更是大小朋友的最爱，
你不妨做点变化，把酸酸甜甜的苹果派变身吐司卷，
在家就能享受美好滋味！

材料（3~4人份）

高筋面粉	250g
细砂糖	20g
盐	4g
鲜奶	150ml
酵母粉	3g
肉桂粉	适量

内馅（3~4人份）

苹果	1个
二砂糖	15g
柠檬汁	10ml
黄油	30g

1 先将苹果切丁，备用。

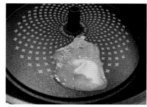

2 平底锅内放入黄油。

3 放入苹果丁炒至熟透。

5 容器装上"面包用"搅拌叶片。

6 加入鲜奶150ml。

7 加入高筋面粉250g。

9 加入酵母粉3g。

Choose

10 选择"面包面团"功能，按 开始 即可。

11 完成后取出擀平。

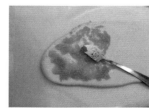

12 加入放凉的苹果馅铺平。

14 像卷寿司一样卷起。

15 取出面包机搅拌棒。

16 将面团切小块。

17 均匀放入面包机容器中。

4 加入二砂糖 15g、柠檬汁 10ml 煮至黏稠状放凉，备用。

8 将细砂糖 20g、盐 4g 放在面粉的左右对角。

13 撒上肉桂粉。

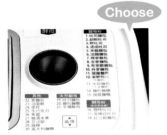

18 选择自己喜欢的口感选项，按开始即可。

SPRING 春天食材 彩色面包

这是用甜菜根、地瓜叶和南瓜等制作成的健康面包，
用蔬菜纯天然的颜色与面团混合，
就能搭配变化出意想不到的花样，
看着这道吐司，我边吃边觉得很得意呢！

材料（3~4人份）

甜菜根	10g
地瓜叶	10g
南瓜泥	10g
紫薯	10g
高筋面粉	220g
低筋面粉	60g
黄油	20g
细砂糖	17g
盐	4g
水	170ml
酵母粉	3g

1 甜菜根加水，用果汁机打成泥。

2 地瓜叶烫熟，加水打成泥状。

3 南瓜、紫薯各自蒸熟压成泥。

5 加入水170ml，倒入黄油20g。

6 加入高筋面粉220g、低筋面粉60g。

7 将细砂糖17g、盐4g放在面粉的左右对角。

Choose

9 选择"面包面团"模式，按开始。

10 完成后将面团分为四等份。

11 再将其中一等份面团与紫薯泥放入容器中。

12 选择"乌冬面团"模式按开始。

14 四种面团都完成后，备用。

15 将面团擀平重叠、依次卷起。

16 将容器中的叶片拔掉。

17 将卷好的面团放入容器中。

4 容器装上"面包用"搅拌叶片。

8 加入酵母粉 3g。

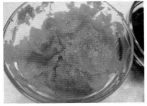

13 完成后再换地瓜菜泥、南瓜泥、甜菜根泥。

其他
22. 蒸麺包
23. 司康饼
24. 蛋糕
25. 生巧克力
26. 果酱
27. 糖渍水果
28. 豆沙馅
29. 麻糬
30. 义大利麺糰
　　乌龙麺糰

天然酵母
19. 吐司麺包
20. 麺包麺糰
21. 生种酵母

（不含麺粉）
14. 麺包麺糰
15. 披萨麺糰

酵母粉
（使用蒸容器）
16. 鹦峰吐司
17. 蒸烤白吐
18. 红豆餡吐

品项 ▼

OK

18 选择"吐司面包"模式，或喜欢的模式按 开始，就成了漂亮的彩色吐司！

完成 🍴

🐟 小鱼妈的应用变化法

长颈鹿纹花色面包就是以这样的方式做出来的，你不妨用巧克力粉来替代，很简单就能变化出另一种花样。

SPRING 春天食材 西兰花胡萝卜吐司

西兰花属于超级食物，对癌症有预防作用，
搭配上有"平民人参"之称的胡萝卜，非常适合做给心爱的家人享用！

材料（3～4人份）

西兰花	20g
胡萝卜	10g
高筋面粉	250g
橄榄油	20g
细砂糖	17g
盐	4g
水	170ml
酵母粉	3g

1 西兰花、胡萝卜切碎，备用。

2 容器装上"面包用"的搅拌叶片。

3 加入水 170ml。

4 加入橄榄油 20g。

5 倒入高筋面粉 250g。

6 将细砂糖 17g、盐 4g 放在面粉的左右对角。

7 加入酵母粉 3g。

8 设定好喜欢的口感选项，果干请选择"手动投入"，再按 开始 即可。

9 待投入声响起后，加入 ① 的西兰花、胡萝卜，盖上盖子按 开始 即可。

SPRING 春天食材 黄油玉米吐司

我们家小鱼超爱吃玉米，
所以我研发了这道简单又好做的食谱，
试想一下，玉米搭配玉米酱所做成的面包，
吃起来口感层次分明，真的很好吃！

🥄 材料（3~4人份）

玉米酱	50g
玉米粒	80g
高筋面粉	280g
黄油	20g
二砂糖	15g
盐	4g
鲜奶	110ml
酵母粉	3g

1 容器装上"面包用"的搅拌叶片。

2 加入鲜奶 110ml。

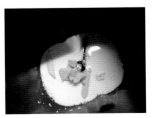

3 倒入黄油 20g。

4 加入玉米酱 50g。

5 加入玉米粒 80g。

6 倒入高筋面粉 280g。

Choose

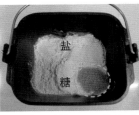

7 将二砂糖 15g、盐 4g 放在面粉的左右对角。

8 加入酵母粉 3g。

9 设定好自己喜欢的口感选项，再按开始即可。

SUMMER 夏天食材 芒果杏仁吐司

夏天是芒果产季，芒果所含的多酚可避免体内自由基过多，
还能补充抗氧化的营养素，而添加了芒果做成的面包，
散发出淡淡的芒果香，你一定要品尝看看！

🥄 材料（3~4人份）

芒果丁 50g
杏仁片 20g
高筋面粉 250g
黄油 20g
二砂糖 15g
盐 4g
鲜奶 150ml
酵母粉 3g

1 芒果肉切丁，备用。

2 容器装上"面包用"搅拌叶片。

3 加入鲜奶 150ml。

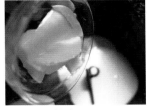

4 加入黄油 20g。

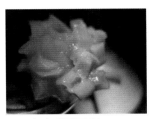

5 加入芒果丁 50g。

6 倒入高筋面粉 250g。

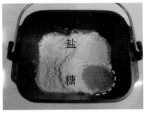

7 将二砂糖 15g、盐 4g 放在面粉的左右对角。

8 杏仁片 20g 放在果实容器中。

9 加入酵母粉 3g。

Choose

10 设定好喜欢的口感选项，果干请选择"自动投入"，再按开始即可。

SUMMER 夏天食材 荔枝鲜奶吐司

荔枝是夏季最受欢迎的水果之一,
其所散发出的香气迷人,也含有多种营养素,
把它融入面包当中,保准你家老老少少都喜欢。

材料(3~4人份)

荔枝果肉 50g
高筋面粉 250g
黄油 20g
二砂糖 15g
盐 4g
鲜奶 170ml
酵母粉 3g

1 容器装上"面包用"搅拌叶片。

2 加入鲜奶170ml。

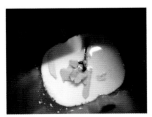

3 加入黄油 20g。

4 加入荔枝果肉50g。

5 倒入高筋面粉250g。

6 将二砂糖15g、盐4g放在面粉的左右对角。

盐
糖

7 加入酵母粉3g。

Choose

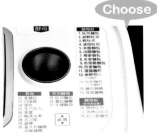

8 设定好自己喜欢的口感选项,再按开始即可。

💗 小鱼妈的应用变化法

荔枝产季结束后是桂圆的产季,可以试试看桂圆,风味也很特别哦!

蜂蜜柠檬吐司

蜂蜜是很棒且天然的食品，所含的单糖不必经过消化就能被人体吸收，
对老人、妇女都有保健作用，有"老人的牛奶"之称，
此吐司我还特别添加了夏季盛产的柠檬，希望能增添迷人的夏季香气！

材料（3~4人份）

绿色柠檬皮	5g
高筋面粉	250g
黄油	20g
蜂蜜	30g
盐	4g
鲜奶	180ml
酵母粉	3g

1 用刮皮刀将柠檬皮刮丝，备用。

2 容器装上"面包用"搅拌叶片。

3 加入鲜奶 180ml。

4 加入黄油 20g。

5 加入蜂蜜 30g。

6 倒入高筋面粉 250g。

7 盐 4g 放在面粉上。

8 加入酵母粉 3g。

9 果干请选择"手动投入"，再按开始即可。

Cooking memo

如果家里有抹茶粉，加入5g的抹茶粉，会让成品看起来更漂亮。

OK

10 待投入声响起后，再将柠檬皮 5g 投入，盖上盖子按开始即可。

橙汁奶香吐司

台湾的柳橙质量好且香甜多汁，
但常看到柳橙因产量过剩而贱价贩售，
内心都会非常心疼，希望大家能多多支持台湾农产品，
而且橙汁配上黄油，香甜浓郁，你一定会喜欢！

材料（3~4人份）

高筋面粉	250g
黄油	20g
二砂糖	17g
盐	4g
柳橙汁	180ml
酵母粉	3g

1 用刮皮刀将柳橙皮刮丝，备用。

2 容器装上"面包用"搅拌叶片。

3 加入柳橙汁180ml。

4 加入黄油20g。

5 倒入高筋面粉250g。

6 将二砂糖17g、盐4g放在面粉的左右对角。

Cooking memo

通常想到要榨汁就会觉得麻烦，其实只要先将橙子对半切开，利用一支叉子，橙子汁就可简单取得哦！

7 加入酵母粉3g。

8 设定好喜欢的口感选项，再按开始即可。

💙 **小鱼妈的应用变化法**

如果购买的是市售柳橙汁，建议将糖分减半或分量减半，因市售产品多含有糖分，这样调整可减少对热量的摄取。

AUTUMN

秋天食材

紫薯鲜奶吐司

紫薯的营养价值高，其特殊的紫色或深紫色融入面包后，
成了淡淡的粉紫色，非常漂亮，此食谱步骤不难，
希望你可以试做看看，并跟我分享你的成果哦！

材料（3～4人份）

紫薯	50g
高筋面粉	250g
黄油	20g
细砂糖	15g
盐	4g
鲜奶	180ml
酵母粉	3g

1 紫薯先蒸熟后捣成泥，放凉备用。

2 容器装上"面包用"搅拌叶片。

3 加入鲜奶 180ml。

5 倒入高筋面粉 250g。

6 将细砂糖 15g、盐 4g 放在面粉的左右对角。

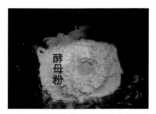

7 酵母粉 3g 直接放入容器内。

9 搅拌完后取出，分成两半。

10 一半先放旁边静置，一半加入紫薯泥再进行搅拌。

11 完成后将10的面团分别擀平。

13 像卷寿司一样的方式卷起。

14 先将面包容器的搅拌棒取出。

15 将卷好的面团放入容器内。

4 加入黄油 20g。

8 用"比萨面团"模式搅拌，按开始。

12 将⑪的面团重叠。

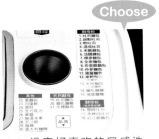

16 设定好喜欢的口感选项，再按开始即可。

秋天食材

番石榴橘瓣酸奶吐司

番石榴经过改良，现在是一年四季都能吃到的水果，
小鱼妈的家乡在燕巢，所以对番石榴再熟悉不过了，
熟透的番石榴打成汁、煮过后就变成番石榴汁，
用来做面包、蛋糕，口感独特且有股番石榴果香，保准大人、小孩都
喜欢。

材料（3~4人份）

番石榴50g + 水50ml打成汁

高筋面粉 200g

全麦面粉 50g

黄油 20g

细砂糖 15g

盐 4g

橘瓣酸奶 70g

番石榴汁 100ml

酵母粉 3g

蔓越莓干 30g

1 番石榴加水打成番石榴汁，备用。

2 容器装上"面包用"搅拌叶片。

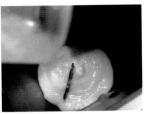

3 加入番石榴汁100ml。

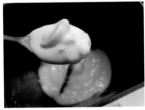

4 倒入橘瓣酸奶70g。

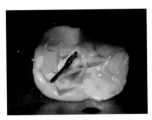

5 加入黄油20g。

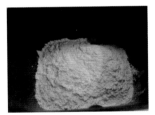

6 倒入高筋面粉200g、全麦面粉50g。

盐

糖

7 将细砂糖15g、盐4g放在面粉的左右对角。

8 加入酵母粉3g。

9 将蔓越莓干剪成小块状放入投料盒内，果干选择自动投入，再设定自己喜欢的口感选项，按开始。

（冬天食材）

红枣枸杞坚果吐司

红枣是食补中不可或缺的重要食材，
其富含维生素C，搭配上枸杞、坚果制成的吐司，
不但口感有层次，而且不会造成身体负担，
很适合忙碌上班族及老人、小孩哦！

材料（3～4人份）

红枣 20g
枸杞 20g
葵花子 20g
高筋面粉 250g
黄油 20g
细砂糖 15g
盐 4g
水 180ml
酵母粉 3g

1 红枣用水清洗、去核，备用。

2 枸杞泡水 30 分钟、沥干水分，备用。

3 容器装上"面包用"搅拌叶片。

4 加入水 180ml。

5 加入黄油 20g。

6 加入红枣 20g、枸杞 20g。

7 倒入高筋面粉 250g。

8 将细砂糖 15g、盐 4g 放在面粉的左右对角。

9 葵花子 20g 放在果实容器中。

10 加入酵母粉 3g。

Choose

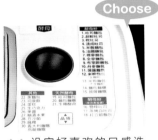

11 设定好喜欢的口感选项，果干请选择"自动投入"，再按开始即可。

冬天食材

草莓酸奶吐司

冬季盛产的草莓一直是女生心中的梦幻水果，
酸酸甜甜的滋味加上酸奶，真的是绝配，
这次我把它融入吐司中，希望能带给大家不一样的感受！

材料（3~4人份）

高筋面粉	250g
黄油	15g
细砂糖	20g
盐	5g
草莓酸奶	80ml
鲜奶	100ml
酵母粉	3g

1 容器装上"面包用"的搅拌叶片。

2 加入鲜奶 100ml。

3 加入草莓酸奶 80ml。

4 加入黄油 15g。

5 加入高筋面粉 250g。

6 将细砂糖 20g、盐 5g 放在面粉的左右对角。

盐
糖

Choose

7 加入酵母粉 3g。

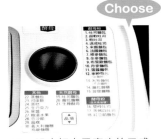

8 设定好自己喜欢的口感选项，按开始即可。

Cooking memo

草莓酸奶可以用面包机制作（详见p.137），只要先将草莓与酸奶打成汁，再用p.137的方法来制作就可以了。

香蕉巧克力吐司

台湾产的香蕉非常好吃，搭配上巧克力饼干的可可香，
中西合并、出乎意料地麻吉（match的谐音，适合），
如果家中的小朋友有挑食习惯，
不妨做这道吐司给他吃，他一定会喜欢的。

材料（3~4人份）

香蕉	1根
奥利奥饼干	8片
高筋面粉	220g
低筋面粉	30g
黄油	15g
细砂糖	15g
盐	5g
鲜奶	190ml
酵母粉	3g

1 用汤匙将奥利奥饼干中间夹心层刮除。

2 将①用塑料袋包起、压碎，备用。

3 香蕉去皮后，压成香蕉泥，备用。

4 容器装上"面包用"搅拌叶片。

5 加入鲜奶190ml。

6 加入黄油15g。

7 加入②的奥利奥饼干。

8 加入③的香蕉泥。

9 倒入高筋面粉220g、低筋面粉30g。

Choose

10 将细砂糖15g、盐5g放在面粉的左右对角。

11 加入酵母粉3g。

12 设定好喜欢的口感选项，按开始即可。

面包机搅拌叶片掉漆了，怎么办？

前阵子在烘焙社团刚好有烘友的面包机搅拌叶片掉漆，结果大家统计后发现，竟然有一百多人都有类似掉漆状况，然后就有热心的烘友把资料提供给记者，记者也联络我说要做个采访，毕竟，虽然说明书上说不会有安全问题，但消费者还是会担心。

还好经过记者帮忙找毒物专家分析后，表示面包机容器内的涂层必须要高温 260℃才会释放出全氟辛酸，而这种氟素涂料原本就容易脱落，搅拌叶片加了氟素涂层的目的是要防止食物粘连，这种设计不只运用在面包机上，也应用在非常普遍的不粘锅上。此外，面包机只要使用坚果类或者是冰糖等食材就容易出现此状况。但使用坚果类食材后的刮伤或掉漆属于浅层，不会有太大影响。

在这里，小鱼妈想再次提醒各位，清洁保养时还是要留意，千万不要使用菜瓜布刷洗，以免刮伤叶片，因为菜瓜布刷洗的力道较强，刮痕较深。如果你真的很担心，不妨到面包机的经销站去更换叶片，毕竟我们买面包机是希望家人吃得安心又健康，不是吗？

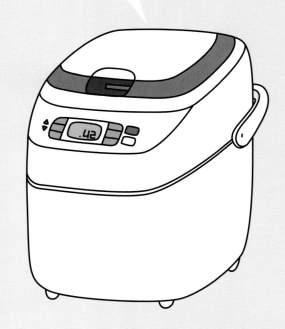

Part 4

大人小孩都喜欢的
咸口味面包

每次经过面包店，最吸引我停下脚步的是浓浓的葱蒜香，
忍不住就想买个咸面包带回家品尝，
在这个单元，我要来教大家用面包机做出咸口味面包，
保准你家老老少少都喜欢！

黄油葱蒜面包

葱蒜是料理时不可或缺的辛香料，
也是随手可得的食材，当葱蒜遇到香浓黄油，
不敢吃葱蒜的人也会不知不觉吃光光！

材料（3～4人份）

葱 35g
蒜 15g
高筋面粉 250g
细砂糖 15g
盐 4g
黄油 20g
鸡蛋＋水 180ml
酵母粉 4g

1 葱洗净、切末，加入黄油和适量盐搅拌均匀，备用。

2 蒜头洗净、用刀拍打。

3 蒜头用热油爆香，备用。

4 将鸡蛋打入量杯内，再加水至180ml。

5 容器装上"面包用"搅拌叶片。

6 加入④及①。

7 加入爆香后的蒜头。

8 倒入高筋面粉250g。

盐
糖

9 将细砂糖15g、盐4g放在面粉的左右对角。

Choose

10 加入酵母粉4g。

11 设定好自己喜欢的口感选项，再按开始即可。

芹菜胡萝卜面包

芹菜的营养丰富，所含的钙、铁、磷比其他叶菜类含量都多，
淡绿色的芹菜搭配上橘黄色的胡萝卜，真的是色香味俱全。

材料（3～4人份）

芹菜	10g
胡萝卜	20g
高筋面粉	250g
黄油	15g
细砂糖	10g
盐	4g
水	170ml
酵母粉	3g

1 芹菜洗净、切碎，备用。

2 胡萝卜洗净、切碎，备用。

3 容器装上"面包用"搅拌叶片。

4 加入水 170ml。

5 加入黄油 15g。

6 加入高筋面粉 250g。

7 细砂糖 10g、盐 4g 放在面粉的左右对角。

8 加入酵母粉 3g。

9 设定好喜欢的口感选项，果干请选择"手动投入"，再按开始即可。

10 待投入声响起后，再加入芹菜、胡萝卜，盖上盖子按开始即可。

豆腐面包

豆腐含有多种营养物质，包含蛋白质及钙、镁等元素，
我试着把豆腐放进面包内，发现其口感细致、清爽，
也不会增加身体负担。

材料（3～4人份）

嫩豆腐 100g
高筋面粉 250g
二砂糖 15g
盐 4g
植物油 15g
水 120ml
酵母粉 4g

1 将市售豆腐切成小块状，备用。

2 容器装上"面包用"的搅拌叶片。

3 加入水 120ml。

4 加入植物油 15g。

5 加入沥干水分的嫩豆腐 100g。

6 倒入高筋面粉 250g。

Choose

7 二砂糖 15g、盐 4g 放在面粉的左右对角。

8 加入酵母粉 4g。

9 设定好自己喜欢的口感选项，再按开始即可。

海苔芝士面包

海苔是小孩最不能抗拒的零食之一，
但遇到空气就易软、变得不好吃，
放入面包内，不但不会浪费食物，也能让面包变换不同的口味，
是消灭剩余零食的最佳选择。

🥄 材料（3～4人份）

海苔片 10g
芝士粉 50g
高筋面粉 200g
黄油 20g
细砂糖 10g
盐 4g
水 170ml
酵母粉 3g

1 容器装上"面包用"搅拌叶片。

2 加入水 170ml。

3 加入黄油 20g。

4 加入高筋面粉 200g。

5 加入芝士粉 50g。

6 细砂糖 10g、盐 4g 放在面粉的左右对角。

7 加入酵母粉 3g。

8 设定好自己喜欢的口感选项，或"米粉面包（含面粉）"模式。

9 果干请选择"手动投入"，再按开始。

10 待投入声响起后，再将捏碎的海苔片放入，盖上盖子按开始即可。

蔬菜火腿面包

觉得只吃白吐司没变化吗？不妨加入西式火腿与蔬菜丁，
三色蔬菜颜色鲜艳又漂亮，加入面包内，口感奇佳，
大人、小朋友都会喜欢的。

材料（3～4人份）

火腿丁	20g
冷冻三色蔬菜	30g
高筋面粉	250g
黄油	20g
二砂糖	20g
盐	4g
水	170ml
酵母粉	3g

1 冷冻火腿切丁，备用。

2 容器装上"面包用"的搅拌叶片。

3 加入水170ml。

4 加入黄油20g。

5 加入高筋面粉250g。

6 二砂糖20g、盐4g放在面粉的左右对角。

7 加入酵母粉3g。

8 设定好自己喜欢的口感选项，果干请选择"手动投入"，再按 开始 即可。

9 待投入声响起后，将火腿丁20g、冷冻蔬菜30g放入，盖上盖子按 开始 即可。

马铃薯咖喱面包

咖喱饭味香、易入口，很适合夏天食用，
但这次把它做成面包，也成了喜爱咸口味料理的人，
另一种不错的选择。

材料（3~4人份）

咖喱块	20g
蒸熟的马铃薯	50g
高筋面粉	250g
黄油	20g
细砂糖	10g
盐	4g
水	170ml
酵母粉	3g

1 马铃薯洗净，一半压成泥、一半切丁，备用。

2 咖喱块切成小块，备用。

3 容器装上"面包用"搅拌叶片。

4 加入水170ml。

5 加入黄油20g。

6 加入马铃薯泥25g。

7 倒入咖喱块20g。

8 加入高筋面粉250g。

9 细砂糖10g、盐4g放在面粉的左右对角。

10 加入酵母粉3g。

11 设定好喜欢的口感选项，果干请选择"手动投入"，再按**开始**即可。

12 待投入声响后，将马铃薯丁放入，盖上盖子按**开始**即可。

鸡蛋盐曲面包

盐曲能提升食物的鲜美，吃起来还能回甘、非常特别，
把它加入面包中与鸡蛋混合一起食用，是一种味蕾上的全新感受。

材料（3~4人份）

高筋面粉	250g
细砂糖	17g
盐曲	5g
黄油	20g
鸡蛋＋水	180ml
酵母粉	4g

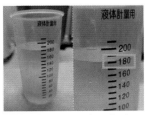

1 鸡蛋倒入量杯，加水至180ml，备用。

2 容器装上"面包用"搅拌叶片。

3 加入①。

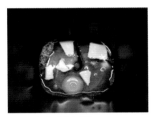

4 加入黄油20g。

5 加入盐曲5g。

6 倒入高筋面粉250g。

7 细砂糖17g放在面粉的角落。

8 加入酵母粉4g。

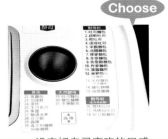

9 设定好自己喜欢的口感选项，再按开始即可。

Cooking memo

想必会有人问，什么是"盐曲"呢？它是米曲、盐和水混合后发酵而成的，可用来代替盐、味精或是酱油，盐曲不仅能用于料理、腌肉，还能使菜入味。

添加物，吃得出来吗？

有很多朋友曾经问过我：

"小鱼妈，为什么我做出来的鲜奶面包没有奶味？"

"为什么我的草莓吐司没有草莓的香气？"

"为什么我的香芋面包不是紫色的呢？"

"为什么外面的黑糖面包都是黑色的啊！为啥我做出来的不是黑色呢？怎样才能变成黑色？"

"为什么我做出来的面包放一两天就硬了，外面面包店卖的面包都可以放三四天还很软呢？"

每次遇到这样的问题我都回答：去烘焙用品店买材料，想要什么颜色、什么香味、什么软度店里通通都有卖，香精、膨松剂、色素，甚至防腐剂一应俱全，想要草莓香味，要多香有多香；想要香芋的颜色要多紫有多紫；冰激凌都可以放一整天不化了，面包放一星期还很软有啥困难，只是如果你想要的是这样的面包，小鱼妈建议还是把买面包机的钱省下来直接在面包店买就好，因为面包店会满足你所有的要求，口味、颜色多变任君选择，但我们自己动手做面包不就是想要健康吃、安心吃吗？如果最后还需要加这些化学添加物，那就不需要花

时间动手做了，街上比比皆是！

有自己动手做的朋友很清楚，用新鲜草莓做出来的面包不是粉红色的，用香芋做出来的面包也不会是紫色的，为什么？因为这就是食物最原始的颜色跟味道，但我们从小就被这些制定的颜色、味道惯坏了，都以为粉红色是草莓、紫色是香芋，当从小被这些化学原料养大时，吃到健康原始风味反而会觉得这味道不对，外面标榜的鲜奶吐司松软又有牛奶味，自己做过面包的人就知道，用鲜奶跟用水去做面包，差异性不大，而且以刚出炉的来讲，根本分不清楚哪个是用鲜奶、哪个是用水，所以别再被香料、色素、防腐剂蒙骗了，自己动手做过就知道，真正健康安心的面包店就在你家厨房。

Part 5

私房秘技传授！
让隔夜吐司拥有新生命

开始做面包后，最常碰到的问题是隔夜吐司怎么处理，
虽然吐司不至于隔夜就变质，但吐司干干硬硬，实在不好入口，
在这个单元我要教大家如何让隔夜、干硬的吐司变好吃，
做法真的非常简单，一定要学起来！

黄油吐司布丁

如果你喜爱布丁的口感与香味，不妨试试这道吐司布丁，
做法简单、但口感超乎想象，我想你家的小宝贝们应该会很喜欢，
我家的小鱼就还蛮喜欢的。

材料（3~4人份）

隔夜吐司	4片
鸡蛋	2个
鲜奶	240ml
黄油	30g
二砂糖	50g
果干	40g

器具

烤模	数个

1 黄油隔水加热融化后，备用。

2 将鸡蛋、二砂糖搅拌均匀。

3 加入鲜奶搅拌至糖的颗粒溶化。

4 面包撕成小块。

5 ④加上果干。

6 再倒入③的液体。

7 静置至液体被面包完全吸收。

8 淋上①入烤模中。

9 烤箱预热180℃，烤约50分钟即可。

蒸巧克力面包布丁

这道面包布丁算是低热量的甜点，
我使用蜂蜜、鲜奶，并改用电锅蒸煮的方式完成，
是喜爱甜点又担心热量的你，不能错过的选择！

材料（3~4人份）

隔夜吐司	2片
巧克力粉	30g
鸡蛋	1个
鲜奶	150ml
蜂蜜	20g

器具

适合容器	数个

1 鲜奶加入巧克力粉、蜂蜜搅拌。

2 ①加入鸡蛋搅拌均匀，备用。

3 将吐司切成小丁。

4 将吐司丁放入容器中。

5 淋上巧克力奶蛋液。

6 静置20分钟，让吐司丁吸满汤汁。

7 将吐司丁放入电锅蒸约20分钟，再焖3分钟就完成了。

蜜糖黄油酥条

这道黄油酥条广受好评，很多朋友吃过后都要我再做给他们吃，
当然啦，因为添加了较多黄油的关系，热量偏高，
但大家一起分享食物，偶尔放纵一下，也挺好的，不是吗？

材料（3~4人份）

隔夜吐司 5片
黄油 125g
二砂糖 100g
面粉 30g

器具

烘焙纸 1张
烤箱 1台

1 黄油放入容器中隔水加热。

2 黄油融化后，备用。

3 ②与面粉、二砂糖搅拌均匀，备用。

4 将吐司切成长条形。

5 沾上黄油糖液。

6 烤盘铺上烘焙纸，将吐司条放入烤盘中。

7 烤箱先预热180℃，烤约20分钟至表面酥脆即可。

造型吐司蛋

一般我们想象的吐司蛋，都是两片吐司夹上荷包蛋，
但这样也太无聊了一点，不妨换个做法试试，
不仅整个制作过程变得有趣，成品也很好吃哦！

材料（3～4人份）

隔夜吐司 2片
鸡蛋 2个

器具

饼干模 1个
平底锅 1口

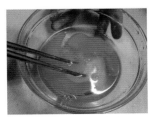

1 鸡蛋打散成蛋汁，备用。

2 吐司用饼干模压出图案。

3 起油锅后，放入压花好的吐司。

4 再倒入蛋液填满。

5 煎至两面金黄即可。

OK

小鱼妈的应用变化法

也可以在蛋液中加入青菜，让不爱吃青菜的孩子不知不觉地吃进蔬菜，以获取更多营养。

巧克力香蕉吐司卷

巧克力搭配上香蕉，真是绝配！
小朋友应该会很喜欢吃，且此道吐司卷的做法很简单，
你不妨跟孩子们一起动手做，享受亲子一同烹饪的趣味。

材料（3~4人份）

隔夜吐司	2片
香蕉	1根
巧克力酱	适量
花生酱	适量

1 将隔夜吐司去边。

2 吐司涂抹上花生酱。

3 加入去皮的香蕉卷起。

4 吐司卷切片。

5 最后再淋上巧克力酱就完成了。

Cooking memo

这里提供一个节省食材的方法给大家，如果你家中有现成的巧克力块，就不用特意去买巧克力酱了，利用隔水加热法就能做出香浓的巧克力酱了！

做法：

1. 首先，你要先将巧克力块切成小块状，装在容器内。

2. 千万不能直接加热，一定要用隔水加热融化哦。

3. 在燃气灶上放上一锅水，水滚了就熄火。

4. 再将①放入滚水中，隔水不停地搅拌至巧克力融化。

注意 装巧克力的容器，必须比③的锅子高，才不会让水溅到巧克力里，这点很重要哦！

安心蔬果吐司手卷

早餐已经吃腻了吐司加果酱?
这时隔夜吐司就能派上用场了,你可以加点蔬菜水果,
营养又健康的手卷,帮你开启一天活力!

材料(2~3人份)

隔夜吐司 4片
苹果薄片 .... 适量
美乃滋(蛋黄沙拉酱)... 适量
生菜 .... 适量
小黄瓜 .... 适量
玉米粒 .... 适量
西红柿 .... 适量

器具

保鲜膜或防油纸 .... 数张

1 先将吐司去边。

2 用擀面棍把吐司擀平,备用。

3 将②涂上美乃滋。

4 苹果切片。

5 西红柿切片。

6 小黄瓜切细条状。

7 ③放上小黄瓜条、玉米粒、西红柿片及生菜。

8 将吐司卷起来,用保鲜膜包好即可。

OK

夏威夷吐司比萨

比萨是大人、小孩都喜欢的一道主食，
而用隔夜吐司就能快速地做出这道美食，且便宜又好吃，
只要利用家中常见的番茄酱、罐头凤梨和火腿片，
就能创造出夏威夷口味的吐司比萨。

材料（3~4人份）

隔夜吐司 2片
番茄酱 .... 适量
罐头凤梨片 1片
火腿片 2片
比萨用芝士 .... 适量

器具

烘焙纸 1张
烤箱 1台

1 吐司去边，备用。

2 ①涂上番茄酱。

3 凤梨片、火腿片切成丁状。

4 将③混合、搅拌均匀并铺在吐司片上。

5 撒上比萨用芝士。

6 放上烤盘，烤箱180℃预热，放入烤约15分钟即可。

Cooking memo

这个单元所提到的隔夜吐司变化法并不难，有时也会用到重复的器具，像是黄油酥条和比萨都会用到烤箱，所以，你不妨像我一样，一次做多款料理放入烤箱，只需花费一点时间就能享受多种美味！

奶香法式煎饼

将隔夜吐司裹上浓郁蛋奶，不仅口感变湿润，
所散发出的香气更是迷人，
我觉得很适合周末的早晨或者当作早午餐食用。

材料（3～4人份）

隔夜吐司 2片
鸡蛋 1个
鲜奶 60ml
果干 .... 适量
水果丁 .... 适量

器具

平底锅 1口

1 将鸡蛋打散。

2 加入鲜奶搅拌均匀，备用。

3 吐司对半切成小三角形。

4 放入鲜奶内浸泡至吸满奶汁。

5 用平底锅以中小火煎至两面金黄。

6 可在煎饼上撒些水果丁或果干一起食用。

OK

义式香蒜小圆饼

每次经过面包店，总会被浓郁的蒜香味吸引，
好想买份蒜香面包回家享用，但现在你可以自己在家做，
通过下面的简易步骤，美味轻松端上桌！

材料（3~4人份）

隔夜吐司	2片
比萨用芝士	适量

香蒜酱

橄榄油	10ml
黄油	10g
义式香料	3g
盐巴	2g
蒜末	5g

器具

平底锅	1口
玻璃杯	1个

Cooking memo

其实酱料还有更简单的做法，如果家里本来就有香蒜抹酱，就可直接使用，更方便快速！

1 吐司用玻璃杯压出圆形，备用。

2 将蒜末、橄榄油、盐巴、义式香料搅拌均匀。

3 ②加入放软的黄油。

4 将③打成霜状，即成香蒜酱。

5 将③涂抹在吐司上。

6 接着放上比萨用芝士。

OK

7 烤箱预热180℃，烤约15分钟取出。

花生糖吐司麻糬

想不到吧，隔夜吐司竟然可以做麻糬！
只要利用面粉、面包粉和花生粉，
并跟着步骤图做，好吃的吐司麻糬就完成咯！

🥄 材料（3～4人份）

隔夜吐司 4片
鲜奶 100ml
面粉 30g
面包粉 20g
花生粉 30g
糖粉 20g
油炸用的油 .... 适量

📦 器具

炸锅 1口

1 面粉、面包粉搅拌均匀，备用。

2 将吐司切成方块状。

3 ② 泡入鲜奶中吸收奶汁。

4 ③ 充分沾上混合的 ①。

5 热锅，将吐司块放入锅中炸至金黄。

6 花生粉与糖粉充分搅拌均匀。

Cooking memo

吐司在沾上面包粉前，请记得将吐司中的鲜奶用手轻轻按压至半干。

OK

7 将 ⑥ 撒在吐司块上，即可食用。

利用天然食材，
做出安心食用色素！

看完了"添加物，吃得出来吗？"一文，在此单元小鱼妈想教大家利用天然的食物，做出令人安心的食用色素，这些小技巧不但可用于制作面包，也可用于其他料理，像是面条、面皮、馒头等点心，真的蛮好用的！

如何制作天然色素？

天然色素的做法有很多种，大致如下：

1. 水果：直接加水打成泥，然后加入面粉中。
2. 蔬菜：最好是先烫熟，加水打成泥再加入面粉中。
3. 粉类：巧克力粉、竹炭粉、抹茶粉等可直接加入面粉中一起制作。

	黄色色素	南瓜、地瓜、咖喱粉、柳橙、姜黄粉		**绿色色素**	深绿色叶菜类皆可，如地瓜叶、菠菜、上海青、罗勒等，或是抹茶粉
	紫色色素	紫薯、紫甘蓝、紫米、桑葚		**咖啡色色素**	巧克力粉、焦糖、黑糖
	橘红色色素	甜菜根、洛神花、红色火龙果（成品会带点淡淡的粉橘色）、红凤菜、红曲、甜椒、胡萝卜		**黑色色素**	可食用的竹炭粉

Part 6

买了面包机，不用怕后悔！
意想不到的变化使用技巧

曾有新闻报道提到，面包机是让人后悔买的家用电器之一，
好像没用几次就只能束之高阁，但真的是这样吗？
本单元小鱼妈会提供许多意想不到且有创意的面包机用法，
帮你创造出更大价值。

蜂蜜卡兹棒

小朋友非常喜欢吃饼干，但市售饼干却可能加了不明添加物，
为了孩子的健康，你可以动手做，
卡兹棒的香酥气味，小朋友一定会喜欢！

材料（2～3人份）

高筋面粉 170g
全麦面粉 40g
蜂蜜 20ml
黄油 20g
盐 4g
鲜奶 120ml
蛋汁 1个的量

1 容器装上"面包用"搅拌叶片。

2 鲜奶120ml放入容器中。

3 再放入黄油20g、蜂蜜20ml。

4 再加入高筋面粉170g、全麦面粉40g。

5 盐4g放在面粉旁边。

6 使用"乌冬面团"模式再按开始。

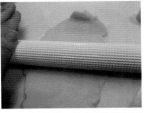

7 完成后，取出面团用擀面棍擀平。

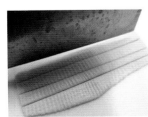

8 用刀切成长条形。

9 用手整形成长条圆柱形状。

小鱼妈的应用变化法

抹完蛋汁后，再滚上黑芝麻或白芝麻粒，能更添香气与营养。

10 抹上蛋汁后，将烤箱预热5分钟，用180℃烤约20分钟就完成了。

Point

烘烤时间会因烤箱大小、品牌而有不同，请依个人的烤箱条件做调整。

多多小饼干

这道多多小饼干很好吃哦！
每次我都忍不住边做边吃，小鱼爸和小鱼也很爱吃，
真的会想一口接一口，吃个不停。

材料（2～3人份）

低筋面粉 180g
养乐多 50ml
细砂糖 15g
黄油 40g

器具

烤箱 1台
饼干模 .... 数个

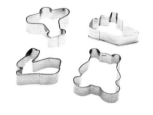

1 容器装上"面包用"的搅拌叶片。

2 养乐多 50ml 放入容器中。

3 再放入黄油 40g。

4 加入低筋面粉 180g。

5 细砂糖放在面粉旁边。

6 使用"乌冬面团"模式按开始。

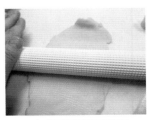

7 完成后取出面团擀平。

8 再用饼干模塑形。

9 将塑形好的面团摆放在烤盘上。

10 烤箱预热 5 分钟，用 180℃烤约 20 分钟就完成了。

Point
烘烤时间会因烤箱大小、品牌而有不同，请依个人的烤箱条件做调整。

鲔鱼玉米比萨

想做出健康版的比萨吗？
利用面包机，搭配市售鲔鱼罐头和玉米，
再加上比萨必备的奶酪丝，你也可以是烹饪高手。

🍴 材料（2～3人份）

高筋面粉 250g
橄榄油 17ml
细砂糖 10g
盐 6g
水 160ml
酵母粉 3g

📦 配料（2～3人份）

鲔鱼（罐头）................ 适量
玉米粒 .... 适量
美乃滋 .... 适量
比萨用奶酪丝 .... 适量

1 容器装上"面包用"的搅拌叶片。

2 水 160ml 放入容器中。

3 加入橄榄油 17ml。

5 细砂糖 10g、盐 6g 放在面粉的左右对角。

6 加入酵母粉 3g。

7 设定"比萨面团"模式按开始。

9 面团表面挤上美乃滋。

10 均匀放入鲔鱼。

11 接着放上玉米粒。

13 再撒上比萨用奶酪丝。

14 烤箱 预热 5 分钟，用 180℃烤 20 分钟即可。

> **Point**
> 烘烤时间会因烤箱大小、品牌而有不同，请依个人的烤箱条件做调整。

4 加入高筋面粉 250g。

8 完成后，取出面团用擀面棍擀平。

12 再次挤上美乃滋。

完成

巧克力脆片

如果你喜爱吃甜食，一定不能错过这道巧克力脆片，
除了口感脆，还有浓郁的可可香，肯定让人爱不释手。

材料（2～3人份）

市售巧克力片 120g
鲜奶油 30ml
鲜奶 10ml
蜂蜜 10g
玉米脆片 100g

1 容器装上"面包用"的搅拌叶片。

2 先将巧克力片120g放入容器内。

3 接着放入鲜奶油30ml。

4 然后是鲜奶10ml。

5 最后放入蜂蜜10g。

6 选择"生巧克力"功能选项，再按开始。

7 哔哔声响起后，按"取消"拿出容器。

8 将巧克力与玉米脆片混合。

9 捏成小球状，放在烘焙纸上凝固即可。

橙香麻糬

没想到吧，面包机也可以做麻糬，
口感还不输手工麻糬，请你一定要试做哦！

材料（2~3人份）

糯米........................... 300g
水 260ml
柳橙皮 20g
熟太白粉....................... 适量

1 容器装上"面条麻糬用"搅拌叶片。

2 糯米洗净后沥干约30分钟。

3 容器中放入糯米300g。

4 加入水260ml。

5 选择"麻糬"选项，再按开始。

6 用刮皮刀刮出适量柳橙皮。

7 将刮好的柳橙皮加入容器中。

8 完成后取出，塑形成小块状搓圆。

9 撒上一点熟太白粉当手粉放上盘子就完成了。

Cooking memo

麻糬这样做！

💙 小鱼妈的应用变化法

若想为麻糬加点变化，建议可裹上花生粉或芝麻糖粉，芝麻粉和糖粉的比例为1:1。

红豆南瓜汤圆

汤圆是大人、小孩都喜爱的甜品，
为了让这道料理更养生，
特别添加了南瓜泥并搭配红豆汤，美味极了！

材料（2～3人份）

南瓜泥 300g
糯米粉 200g
地瓜粉 100g

红豆汤材料（2～3人份）

红豆 1杯
水 2杯
水（外锅用）................ 2杯
细砂糖 .... 适量

1 红豆洗净、加水，放入电锅内煮熟。

2 依自己喜爱的甜度，加入糖放凉，备用。

3 容器装上"面包用"搅拌叶片。

4 放入南瓜泥300g、糯米粉200g、地瓜粉100g。

5 选择"比萨面团"选项，再按开始。

6 完成后取出，分成小块状。

7 将面团搓圆。

8 水煮开后，加入汤圆煮至浮起。

9 加入红豆汤内一起食用即可。

OK

💝 小鱼妈的应用变化法

除了南瓜口味的汤圆，你也可以做做看抹茶口味的，只要把南瓜泥换成抹茶粉就好，与红豆汤堪称绝配哦！或者你可以换个汤底，改成咸汤，加个茼蒿，不就成了好吃的咸汤圆了嘛！

鲜奶小馒头

市售的馒头都比较大，为了让小鱼容易入口，
也因为小朋友食量的关系，我用面包机做出了鲜奶口味的小馒头，
想不到还蛮受欢迎的！

材料（2～3人份）

高筋面粉	100g
低筋面粉	200g
鲜奶	180ml
奶粉	20g
细砂糖	10g
盐	4g
酵母粉	3g
黄油	20g

1 容器装上"面包用"搅拌叶片。

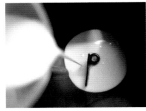

2 容器中放入鲜奶180ml。

3 加入黄油20g。

4 再放入高筋面粉100g、低筋面粉200g、奶粉20g。

5 细砂糖10g、盐4g放在面粉的左右对角。

6 加入酵母粉3g。

7 选择"面包面团"选项，再按开始。

8 完成后再重新跑一次面团模式。

9 第二次面团模式完成后取出，搓成长条形再切段。

10 把馒头放在铺了烘焙纸的盘子上。

11 放入电锅内蒸（外锅2杯水），待电锅电源键跳起即可。

黄油薯泥猫耳朵

猫耳朵是台湾小吃的一种，为了增添口感，
特别加了马铃薯及义式香料，其实，还蛮特别、好吃呢！

材料（2~3人份）

蒸熟的马铃薯	600g
低筋面粉	160g
盐	10g
鸡蛋	1个
黄油	100g
义式香料	3g
黑胡椒粒	适量

1 容器装上"面条麻糬用"搅拌叶片。

2 马铃薯压成泥，备用。

3 先在容器内放入马铃薯泥600g。

4 加入低筋面粉160g。

5 加入盐10g。

6 加入鸡蛋1个。

7 选用"面包面团"模式搅拌，按开始。

8 完成后取出捏成小块状，放入热水中煮熟。

9 浮起后即可捞起、沥干水分。

10 将黄油加上义式香料在锅内煮至溶化。

11 将10淋在煮熟的猫耳朵上。

12 再撒上黑胡椒粒拌匀，即可食用。

OK

121

香葱干拌面

吃腻了面包，来碗中式的香葱拌面也不错，
其材料、做法很简单，看图照着做，轻松就能完成！

材料（2～3人份）

中筋面粉 200g
盐 8g
水 100ml
酱油 .... 适量
香葱酱 .... 适量
香油 .... 适量
葱花 .... 适量

1 容器装上"面条麻糬用"搅拌叶片。

2 将中筋面粉 200g 放入容器中。

3 加入盐 8g。

4 加入水 100ml。

5 选择"乌冬面团"模式按开始。

6 完成后静置 30 分钟醒面团。

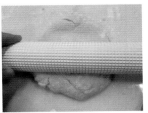

7 醒后的面团用擀面棍擀平。

8 将 7 切成长条状。

9 撒些手粉防粘连。

10 放入开水中煮约 5 分钟，捞起沥干水分。

11 加入酱油、香葱酱、香油拌匀。

12 最后撒上葱花即可。

芝士蛋糕

是的，没错，面包机也能做蛋糕！
知道面包机可以做蛋糕后，我立刻试做了我最爱的芝士蛋糕，
但别忘了一定要放冰箱中冷藏一天，才能确保蛋糕形状的完整。

材料（2～3人份）

消化饼 60g
奶油奶酪 250g
黄油 40g
低筋面粉 20g
细砂糖 50g
鲜奶 80ml
柠檬汁 5ml
鸡蛋 1个

Cooking memo

小鱼妈必须再三叮嘱大家，芝士蛋糕做好后一定要放冰箱中冷藏一天，我之前因为太兴奋，想快点尝尝口感，还没等蛋糕凝固就急着倒在盘子上，结果一下就散了，只能吃碎蛋糕了。

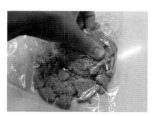

1 消化饼放入塑料袋内压碎，备用。

2 将软化黄油与消化饼搅拌均匀。

3 放入蒸容器底部铺平。

5 面包机容器内装上"麻糬用"叶片。

6 将鸡蛋、奶油奶酪、细砂糖、柠檬汁放入容器内。

7 使用"乌冬面团"模式搅拌完成后，备用。

9 然后加入鲜奶。

10 放入容器中与⑥混合。

11 选择"蛋糕"模式，制成奶酪面糊。

13 将面包容器洗净装入热水。

14 再装上蒸容器烘烤。

15 完成后放入冰箱冷藏一天即可食用。

4 放入冰箱冷藏，备用。

8 将面粉过筛。

12 "蛋糕"模式发出声响后，将奶酪面糊倒入蒸容器碎饼干上。

完成

博士茶香蛋糕

博士茶是一种天然的草本茶，我蛮喜欢喝的，
有一天突发奇想，把茶放入蛋糕中，
想不到清淡的茶香颇受好评，在此介绍给大家。

材料（2~3人份）

黄油	110g
低筋面粉	100g
无铝泡打粉	3g
细砂糖	80g
水	60ml
鸡蛋	1个
博士茶茶包	1包

1 面包机容器内装上"面包用"搅拌叶片。

2 放入黄油110g。

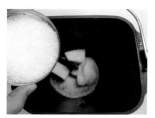

3 加入细砂糖80g。

4 选择"蛋糕"模式按开始。

5 搅拌均匀，再加入低筋面粉100g、无铝泡打粉3g。

6 再加入鸡蛋、水。

7 搅拌完毕，加入博士茶茶包内的茶叶。

8 盖上盖子按开始即可。

小鱼妈的应用变化法

可将博士茶叶改成红茶或绿茶，但因博士茶无咖啡因成分，孕妇和小孩皆可食用，若改成红茶或绿茶要留意咖啡因的含量哦！

无麦麸粉红蛋糕

甜菜根的营养丰富，我常会打成泥放在各种主食当中，做出来的料理不仅好吃，也很漂亮，大家可以试试看！

材料（2～3人份）

低筋面粉	150g
杏仁粉	50g
无铝泡打粉	5g
二砂糖	80g
鲜奶	60ml
鸡蛋	1个
甜菜根泥	100g
铝箔纸	1张

1 面包机容器内装上"面包用"搅拌叶片

2 加入甜菜根泥100g。

3 加入二砂糖80g。

4 盖上铝箔纸避免喷出。

5 选择"蛋糕"模式按开始。

6 搅拌均匀后，加入低筋面粉150g、杏仁粉50g、无铝泡打粉5g。

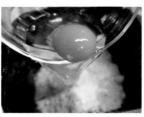

7 慢慢加入鸡蛋、鲜奶。

8 搅拌完后，盖上盖子按开始即可。

💟 **小鱼妈的应用变化法**

甜菜根可换成红色火龙果，做出来的颜色是淡粉带嫩橘色，很漂亮哦！

蔬菜奶酪磅蛋糕

身为妈妈，最担心的就是小朋友不爱吃青菜，
如果把蔬菜放入蛋糕中，应该是个不错的方法吧！
所以我就尝试把绿色蔬菜放在料理中，做出了这款奶酪磅蛋糕。

材料（2~3人份）

低筋面粉 250g
细砂糖 15g
盐 5g
水 110ml
酵母粉 3g
绿色蔬菜 80g
比萨用奶酪丝 30g

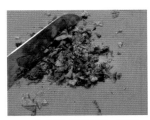

1 将绿色蔬菜切碎，备用。

2 容器装上"面包用"搅拌叶片。

3 加入水 110ml。

4 加入切碎的蔬菜 80g。

5 加入奶酪丝 30g。

6 加入低筋面粉 250g。

7 细砂糖 15g、盐 5g 放在面粉的左右对角。

8 加入酵母粉 3g。

9 设定好喜欢的口感选项或"蛋糕"模式，按开始即可。

小鱼妈的应用变化法

绿色蔬菜有很多种，像是小松菜、油菜、西兰花、菠菜、芥蓝、地瓜叶等，你可以都试试看，若想再多点变化，紫甘蓝也可尝试一下。

面包机也可以这样用！

家里的电器越来越多，但每种都只能有一种用途吗？
其实只要勇于尝试，你会发现面包机不只是面包机，
它可以变成烤箱、酸奶机、电锅，还能炒肉松、煮果酱……简单又方便！

香烤马铃薯、地瓜

🥄 **材料**（2～3人份）

地瓜或马铃薯 4个

1 将叶片取出。

2 地瓜用菜瓜布将表皮刷洗净、擦干。

3 地瓜放入容器中。

4 选择"蒸面包"模式按 **开始**，完成后取出即可食用。

> **Point**
> 依马铃薯或地瓜的大小不同，请自行调整时间及蒸烤次数。

轻松煮米饭

材料（2～3人份）

白米.............................2杯
（使用面包机附赠的液体量杯）
水.................................2杯
烘焙纸.........................1张
（或用蒸笼布、铝箔纸皆可）

1 白米洗净后用清水浸泡 1 小时。

请先将叶片取出。

2 浸泡好的白米沥干后，放入面包机容器内，加入水。

3 在容器上盖上烘焙纸。

4 使用"麻糬"模式，计时 35 ～ 40 分钟。

5 不开盖焖 10 ～ 15 分钟后，开盖翻搅均匀。

6 盖上盖子然后再焖个 5 分钟就好。

健康肉松

🍴 **材料**（2～3人份）

瘦肉或里脊肉	300g
酱油	15ml
二砂糖	10g
八角	5颗
水	适量
细砂糖	15g
橄榄油	30ml
五香粉	4g
肉桂粉	2g
铝箔纸	1张

·---- 此法可去除肉的血水及腥味。　　·---- 不需加油。　　　　　　　　　　　　　　　　·---- 肉丁取出，酱汁要过筛。

1 瘦肉洗净、切成肉丁，放入热水中汆烫熟后捞起。

2 锅子烧热后，将肉丁放入干煎。

3 煎至焦黄后放入八角、酱油15ml、二砂糖10g。

4 再加水淹过肉丁八分满，关小火盖上锅盖让肉丁入色。

5 面包机容器换上"麻糬用"叶片。

6 肉丁放入面包机容器内，加入五香粉、肉桂粉、橄榄油、细砂糖及卤汁。

7 容器盖上铝箔纸，放入面包机中。

8 选择"麻糬"模式按开始。

9 完成后取出容器降温，再加入橄榄油。

10 盖上铝箔纸再选择"麻糬"模式按开始，水分收干后即完成。

安心果酱

材料（2～3人份）

凤梨............................100g
苹果............................500g
砂糖............................80g
柠檬............................1个
铝箔纸..........................1张

1 将凤梨、苹果切丁，备用；柠檬榨汁，备用。

2 容器装上"面包用"搅拌叶片。

3 再放入苹果丁，然后是凤梨丁。

4 放入砂糖80g及柠檬汁。

5 选择"果酱"功能选项，再按开始。

香浓炼奶

材料（2～3人份）

鲜奶 600ml
细砂糖 240g
铝箔纸 1张

1 容器装上"面包用"搅拌叶片。

2 将鲜奶倒入容器中。

3 加入细砂糖。

4 盖上铝箔纸。

5 选择"果酱"功能选项，完成后再按一次。

6 第二次计时 50～60 分钟，变成乳状即可。

新鲜酸奶

鲜奶 500ml

无糖AB酸奶（206ml）........ 1罐

乐扣保鲜盒 1只
（以能放入面包机内的大小）

1 容器装上"面包用"搅拌叶片。

2 将鲜奶、酸奶倒入保鲜盒中。

3 保鲜盒盖上盖子，放入面包机内。

4 选择"生种酵母"功能选项，再按开始。

Point
酸奶做好后放入冰箱冷藏3小时即可食用。自制酸奶2～3天内要食用完，可自行加果酱、蜂蜜一起食用。

用面包机做面包，我有问题！
网友们的Q&A大解惑

小鱼妈开始写部落格与经营脸书烘焙社团已经有好几年的时间，
这当中不管是质疑面包机、想买面包机、正在比较面包机的人，
还是已经有面包机、嫌弃面包机的人，小鱼妈通通都遇到过。
甚至很多人会问我一些使用上的问题，在此我整理一些常被问到的问题，跟大家分享。

Q 水可以换成鲜奶吗？

当然可以！但是因为鲜奶成分并非全部都是水，如果把水改成鲜奶的话，必须要加 10～20 ml 的量。
注意 室温超过 25℃ 时，请使用 5℃ 的水，水量可减少 10ml。

Q 有些食谱的材料有写到奶粉，一定要加吗？

如果看到食谱上有写奶粉的，可以自己斟酌加或不加，因为奶粉不会影响到面包的成败，所以别太担心咯！

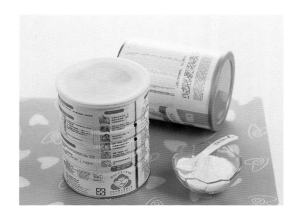

Q 有些品牌的酵母粉会分高糖和低糖，该怎么区别？

小鱼妈之前惯用的牌子——燕子牌酵母粉就有两种包装，金装高糖酵母和红色包装低糖酵母，一般人会想说高糖比较甜，那选择低糖应该比较不会胖吧？

错错错，大错特错啦！酵母粉本身是不含糖的，会分高、低糖是因为酵母本身必须靠糖来发酵，酵母粉的高、低糖是依据糖分占面团总量的百分比来界定，5% 以上就使用高糖的酵母粉，5% 以下就使用低糖的酵母粉；低糖的酵母粉菌种的发酵力也较强，只需少量的糖分就能发酵，像欧式面包是属于较低糖分的面包，但台式面包大部分都含糖量较高，因此许多品牌的酵母粉就没有分高、低糖，一般指的就是高糖的酵母粉。

Q 万一买错高、低糖酵母粉怎么办？

如果要做低糖类面包却买成高糖酵母粉的话，就要多加点酵母粉；反之，如果要做高糖的面包却买成低糖，则酵母粉要减量；但是天气、室温跟水温都会影响到面团发酵状况，所以该增加或减少多少酵母的量，需要自己试试看比较好。

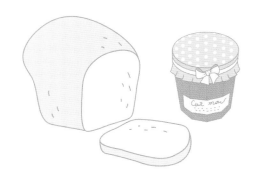

Q 用面包机做吐司和蛋糕，如果不马上吃就会变得干硬，即使放在密封盒里，效果也不好，这是正常的吗？

　　自制面包、蛋糕没加改良剂、膨松剂，会老化是正常的，你可以加入汤种面团来改善。汤种的做法为水和粉的比例为5∶1。

> 配方里的粉类食材＋液体食材的总重量 ×20%
> ＝所需汤种重量

Q 做到一半，可以打开来看吗？

　　一般来说，只要在进入烘焙阶段前都可以打开来看，但是进入烘焙后尽量不要开盖，以免影响烤温。

Q 面包机的内锅在烘烤时，温度大约是多少？

　　这必须视面包机品牌而定，每种品牌的温度不同，但一般是介于160℃到180℃之间。

Q 怕发胖或爱吃甜，可以调整糖的分量吗？

　　糖的作用跟盐刚好相反，它是帮助酵母中的酶发挥作用的，所以减少糖的量的话，面包的高度会降低，烤出来的成品颜色也会变淡；跟外面的面包比起来，自己制作的面包糖量已经少很多了，而且没有糖，口感也会不好。如果你爱吃甜可以增加基本量的两倍！

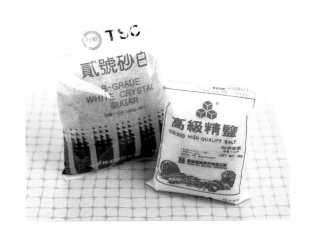

Q 为了健康着想，可以不放盐吗？

盐的作用是为了抑制酵母中的酶过度发酵，不放盐的话，面包会没有嚼劲，因为酵母的活性必须靠盐来抑制，避免酵母中的酶过度发酵，造成面粉的筋度断裂影响外形及口感。其实，面包中的盐分量不多，适当摄取是不会给身体造成太大负担的。

Q 制作完成后，如何取出热腾腾的面包？

面包机使用过程中或使用完时，表面温度非常高，请你一定要先戴上隔热手套再将面包机容器取出，建议以倾斜的方式将面包倒出即可。

Q 清洁面包机时，有什么需要注意的？

第一步先将面包倒出来，接着将烤锅冲水冷却，然后取出叶片，用牙签将轴孔内卡住的面包屑清除干净，别忘了烤锅轴心也要用牙签刮除干净。

把烤锅的水倒掉之后，拿块抹布把烤锅外面擦干净，如果这个时候面包机还有余温，可以把烤锅放进去烘干，千万千万不能用水去洗面包机本体，否则可能会造成触电或电线走火，也不要自行拆解，以免发生危险；当然，如果你发生跟我一样糗的爆缸状况，也真的只能送修了。

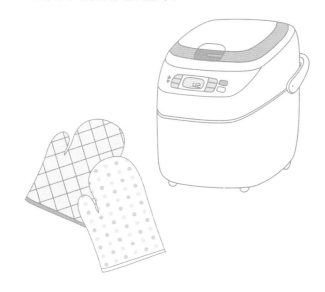

Q 室温屡屡突破30℃，做面包时要注意些什么呢？

室温过高时，水分记得要少 10ml，除此之外，因为温度高，若使用预约功能，尽量不要使用鲜奶、鸡蛋，避免造成食材变质。

Q 如何检查酵母的活性？

你可以将 50ml 43℃～ 45℃的温水，加上 5g 的酵母粉及 5g 的砂糖，混合后静置 10 分钟。

温水　　　　　　　　　　　酵母粉　　　　　　　　　　　砂糖

测试结果 如果没有起泡，表示酵母已经失去活力可以丢弃了，只能再购买新的酵母来使用了。

Q 面包机内锅及搅拌棒的涂层，刮伤了怎么办？

搅拌叶片上的氟涂层是为了防止食材粘连，氟涂层虽然要超过 260℃才会产生致癌物质，但仍建议有刮伤就换掉，用得也比较安心（请详见 P.66）。

Q 面包机做出来的面包，真的能吃吗？

其实选对面包机，可以做出跟外面面包店差不多的面包，我不敢说一定比面包店的好吃，毕竟油放得多、若又添加香料等，香气美味跟口感是自然材料无法替代跟比拟的。

我只能说自己做的，至少知道放的东西是什么，通常也会选择较好的原料来制作，光"安心"两字就是外面面包店无法做到的。

Q 想一早就吃到新鲜出炉的面包，要如何设定预约功能呢？

每家面包机的预约功能都不同，有些是显示面包完成时间，有些是几小时后会完成，所以使用面包机前最好先详阅使用说明书哦！

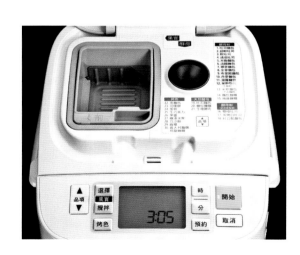

Q 面包机该怎样用，才不会
刮伤搅拌棒和容器？

因为面包机、搅拌棒都有涂层，原料应该尽量选择粉状或磨成粉状，这样比较不易在搅拌时刮伤容器，其实，我为了要把糖打成粉，还因此买了一台蛮贵的机器……但你可以不用像我一样夸张，只要在挑选材料时多留心，就可避免刮伤容器，像是砂糖可选择细砂糖、黑糖就改用黑糖粉。

坚果类做面包时常会用到，但避免使用杏仁果等较坚硬的食材，不妨改用核桃，别忘了压碎或剪成小块，此外葡萄干、蔓越莓等也先用剪刀剪成小块再使用。使用前多用点心，就能让你的面包机寿命更长久哦！

Q 使用配料投放盒，有什么
需要注意的地方？

不可放入有水分或黏性，以及易融化的配料，材料放越多，面包的膨胀度越差；较硬的食材也不建议放入一起搅拌，以免破坏容器涂层。

Q 面粉会影响口感吗？

会，绝对会的！所以我尽量不买超市卖的包装面粉，我个人较不喜欢那种面粉做出来的口感，总是偏干、硬，建议大家去烘焙用品店或者上网去找烘焙原料网站直接购买有一定知名度的面粉，做出来的效果绝对会比超市买的面粉，口感要好。

Q 第一次使用时，应如何选择面包的烘烤颜色？

不同品牌的面包机，烤色皆会不同，且放入的食材也会影响烤色，我建议大家可以多做尝试，再选择适合自己口味的烤色。

Q 不想用黄油可以用其他替代吗？

可以哟！如果不想使用黄油，可以用植物油替代，像是玉米油、椰子油、橄榄油、葵花油、芥花油、大豆油等。

Q 可以用有盐黄油制作吗？

可以！不过小鱼妈还是建议使用无盐的黄油，因为盐有抑制酵母发酵的作用，如果使用有盐的黄油，不知道黄油中的盐含量是多少，较容易失败或使面包长不高，但如果不是很在意，含盐黄油其实是可以的。

Q 面包要怎样保存才不会干掉？

小鱼妈的习惯是做好没吃完就放入袋子直接拿去冷冻库保存，要吃的时候再放入电锅内，外锅不加水直接蒸，待按键跳起来之后，你会发现，面包就会跟刚出炉一样松软！如果是不喜欢太软口感的朋友，也可以用烤箱烤一下，松软微酥的面包就轻松出炉咯！

图书在版编目（CIP）数据

零失败面包机教科书 : 买了面包机，不用怕后悔 / 小鱼妈著.
— 北京 : 北京联合出版公司, 2017.3
ISBN 978-7-5502-9189-8

Ⅰ. ①零… Ⅱ. ①小… Ⅲ. ①面包—制作 Ⅳ. ①TS213.2

中国版本图书馆CIP数据核字(2016)第281585号

零失败面包机教科书：买了面包机，不用怕后悔

著　　者：小鱼妈
选题策划：后浪出版公司
出版统筹：吴兴元
责任编辑：张　萌
特约编辑：李婉莹
营销推广：ONEBOOK
装帧制造：墨白空间·张静涵

北京联合出版公司出版
（北京市西城区德外大街 83 号楼 9 层　100088）
北京盛通印刷股份有限公司印刷　新华书店经销
字数113千字　889毫米×1194毫米　1/16　9印张　插页4
2017 年 5 月第 1 版　2017 年 5 月第 1 次印刷
ISBN 978–7–5502–9189–8
定价：58.00 元